BEI GRIN MACHT SICH IHR WISSEN BEZAHLT

- Wir veröffentlichen Ihre Hausarbeit, Bachelor- und Masterarbeit

- Ihr eigenes eBook und Buch - weltweit in allen wichtigen Shops

- Verdienen Sie an jedem Verkauf

Jetzt bei www.GRIN.com hochladen und kostenlos publizieren

Die globale Umwelt-Governance. Zertifizierungen als Instrument des nachhaltigen globalen Warenaustauschs

Johann Boemer

Bibliografische Information der Deutschen Nationalbibliothek:

Die Deutsche Nationalbibliothek verzeichnet diese Publikation in der Deutschen Nationalbibliografie; detaillierte bibliografische Daten sind im Internet über http://dnb.d-nb.de abrufbar.

ISBN: 9783346855848
Dieses Buch ist auch als E-Book erhältlich.

© GRIN Publishing GmbH
Trappentreustraße 1
80339 München

Alle Rechte vorbehalten

Druck und Bindung: Books on Demand GmbH, Norderstedt Germany
Gedruckt auf säurefreiem Papier aus verantwortungsvollen Quellen

Das vorliegende Werk wurde sorgfältig erarbeitet. Dennoch übernehmen Autoren und Verlag für die Richtigkeit von Angaben, Hinweisen, Links und Ratschlägen sowie eventuelle Druckfehler keine Haftung.

Das Buch bei GRIN: https://www.grin.com/document/1348422

Georg-August-Universität Göttingen

Fakultät für Geographie

Aktuelle Themen der Humangeographie

Seminar: Sozialgeographie nachhaltiger Ressourcennutzung

Wintersemester 2022/2023

Was ist globale Umwelt-Governance?

Das Beispiel von Zertifizierungen als Instrument des nachhaltigen globalen Warenaustauschs

Johann Boemer

Hauptfach: Geographie B.Sc. (5. Fachsemester)

Inhaltsverzeichnis

Abbildungsverzeichnis

1. Einleitung

Die globale Umwelt-Governance – sie soll steuern, sie umgibt uns, wir sind Teil von ihr. Man kann sich etwas darunter vorstellen, aber nicht so richtig. Der Begriff scheint wenig greifbar. Schnell sind Begriffe wie „UN", „international", „Umweltschutz" und „Klima" im Kopf. Weltkonferenzen, internationale Tagungen und Konventionen müssen sich gleichzeitig der Kritik stellen, keine für den Umweltschutz ausreichende Regelungen und Abkommen abzuschließen.

In der folgenden Arbeit wird daher zunächst der Frage nachgegangen, um was es sich genau handelt, wenn von globaler Umwelt-Governance die Rede ist, welche Akteure dabei eine Rolle spielen und welche Instrumente der Steuerung diese zur Verfügung haben. Unterdessen wird darauf eingegangen, welche Schwierigkeiten bestehen und weshalb viele Abkommen für Umweltschützer*innen unbefriedigend erscheinen.

Mit der Zeit entsteht zugleich eine immer größer werdende Zahl an Umweltsiegeln, die Produkte oder Dienstleistungen zertifizieren. Zertifizierungen sind dabei eines der Instrumente, welche in der Werkzeugkiste der Akteure der globalen Umwelt-Governance zu finden sind. Da der Ruf nach Nachhaltigkeit und schonendem Ressourcenumgang in unserer Gesellschaft lauter wird, achten immer mehr Menschen beim Einkauf darauf, zertifizierte Produkte zu kaufen. Zwar muss dafür oft tiefer in die Tasche gegriffen werden, doch wer macht das nicht gerne für ein reines Einkaufsgewissen? Andere wiederum glauben den Versprechungen hinter den Siegeln nicht und kehren das als Marketingstrategie unter den Tisch.

Im zweiten Teil der Arbeit wird auf das Instrument der Zertifizierungen anhand des bekannten Beispiels des Roundtable of Sustainable Palm Oil[1] (RSPO), durch welchen Palmöl[2] zertifiziert wird, näher eingegangen. Dabei soll der Forschungsfrage nachgegangen werden, ob Zertifizierungen, die den globalen Warenhandel betreffen, ein wirklich wirksames Werkzeug der globalen Umwelt-Governance hinsichtlich des Umweltschutzes sein können.

---

[1] nachfolgend aufgeführt als RSPO

[2] Mit Palmöl ist sowohl das aus den Kernen als auch das aus dem Fruchtfleisch gewonnene Öl gemeint.

2. Globale Umwelt-Governance

2.1 Erklärungsansatz

Zunächst muss die Begrifflichkeit „Governance" näher erläutert werden. Das Wort hat dieselbe Herkunft wie das Wort „Government" und geht auf das lateinische Wort „gubernatia" für „Steuerung", bzw. Leitung zurück (vgl. VON GEIBLER 2010). Selbst in der Politikwissenschaft wird diese Bezeichnung unterschiedlich verwendet und ist nur schwer abgrenzbar (vgl. FABRICIUS 2019).

Am besten gelingt diese Abgrenzung jedoch, wenn der Begriff mit der etymologisch verwandten Bezeichnung „Government" verglichen wird (vgl. WURZEL et al. 2013). Government bezeichnet die politische Steuerung einer Gesellschaft, bzw. eines Staates durch Institutionen. Zu diesen Institutionen gehören unter anderem die Regierung, das Parlament, die öffentliche Verwaltung, Gerichte und Parteien. Diese Institutionen ermöglichen und begrenzen das Handeln von Akteuren durch Regeln mit staatlicher, einklagbarer Garantie (vgl. FABRICIUS 2019). Somit beschreibt der Government-Begriff hierarchische Strukturen, bei welchen eine demokratisch legitimierte Instanz das gesellschaftliche Zusammenleben koordiniert. Bei Governance hingegen handelt es sich um ein eher horizontales Gefüge, in welchem nicht vor allem die Staatspolitik, sondern vielmehr die Beteiligung der Zivilgesellschaft, also nichtstaatliche Akteure, eine Rolle spielt (vgl. WURZEL et al. 2013, vgl. FABRICIUS 2019).

Im Bericht der von den Vereinten Nationen 1995 eingesetzten Governance-Kommission mit dem Titel „Our Global Neighborhood" wird Governance definiert als " *[...] die Gesamtheit der zahlreichen Wege, auf denen Individuen sowie öffentliche und private Institutionen ihre gemeinsamen Angelegenheiten regeln. Es handelt sich um einen kontinuierlichen Prozess, durch den kontroverse oder unterschiedliche Interessen ausgeglichen werden und kooperatives Handeln initiiert werden kann. Der Begriff umfasst sowohl formelle Institutionen und mit Durchsetzungsmacht versehene Herrschaftssysteme als auch informelle Regelungen, die von Menschen und Institutionen vereinbart oder als im eigenen Interesse angesehen werden. [...]"* (STIFTUNG ENTWICKLUNG UND FRIEDEN 1995: 4 ff.)

Die Bezeichnung der globalen Governance bezieht sich auf den dezentralen, lösungsorientierten Ansatz, den Herausforderungen der Globalisierung zu begegnen, indem durch freiwillige Kooperationen grenzüberschreitende Prozesse beeinflusst werden (vgl. SCHULZ 2011). Da es keine Weltregierung gibt, und die globale Governance auch nicht als eine solche zu verstehen ist, spielen internationale Kooperationen eine bedeutende Rolle, um überstaatliche, bzw. globale Probleme anzugehen (vgl. PETSCHOW et al. 1998). Dabei sind sowohl staatliche als auch nichtstaatliche Akteure von Bedeutung, die innerhalb des sich durch stets verändernde Machtverhältnisse, Interessen und Werte wandelnden Konzepts der Governance beeinflusst wird (vgl. Fabricius 2019). Eine der globalen Herausforderungen, bei welcher globale Governance vonnöten ist, sind die vielfältigen Umweltprobleme, die von verschiedenen Akteuren mit unterschiedlichen Werkzeugen zu lösen versucht werden, wodurch sich der Zweig der globalen Umwelt-Governance gebildet hat (vgl. Young 2017).

2.2 Handlungsfelder der globalen Umwelt-Governance

Die von der globalen Governance behandelten Umweltprobleme sind häufig ineinander verflochten und beeinflussen sich gegenseitig. Dabei spielen sowohl Ursache und Wirkung als auch deren politische Wahrnehmung und Behandlung eine Rolle (vgl. Simonis 1996). Anhand des Schaubilds (Abb.1) lassen sich die Umweltgefahren und die gefährdeten Elemente recht übersichtlich darstellen, die sich dann weiterführend in die einzelnen, auch für Zertifizierungen relevanten Problemfelder ausdifferenzieren lassen (vgl. Aden 2012).

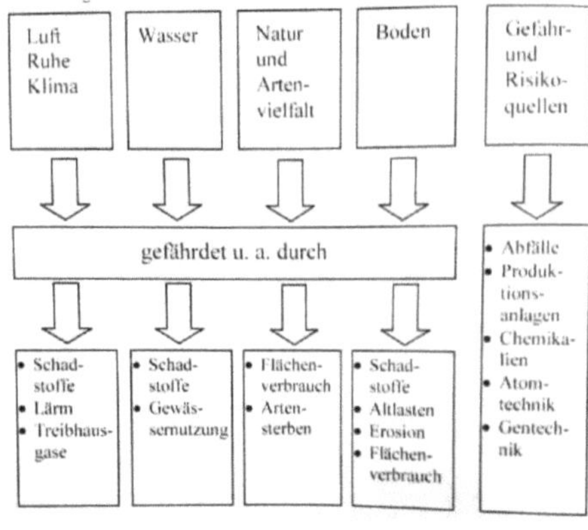

Abb.1: Handlungsfelder der globalen Umwelt-Governance   (Aden 2012: 28)

Hierbei sind zunächst die Luft, die Ruhe und das Klima zu nennen, welche durch Schadstoffe, Lärm und Treibhausgase gefährdet sind. Lärm und Schadstoffe gehen oftmals von ähnlichen Quellen, wie z.B. Fahrzeugen, Produktionsanlagen oder Geräten aus. Saubere Luft und Ruhe ist dabei für Menschen, Tiere und Pflanzen überlebenswichtig und kann bei zu großen Immissionen zu gravierenden Gesundheitsschäden und Vermeidungsverhalten von besonders exponierten Gebieten kommen (vgl. ebd.).

Ein weiterer Aspekt ist das Wasser, welches durch Schadstoffe und Gewässernutzung gefährdet ist. Die Gefahrenquellen sind dabei konkret Abwässer aus Haushalten und der Industrie, landwirtschaftliche Dünge- und Pflanzenschutzmittel und Luftverunreinigungen, die über Niederschläge in Gewässersysteme gelangen. Sauberes Wasser ist ebenso wie die Luft für das Leben auf der Erde lebensnotwendig (vgl. ebd.).

Darüber hinaus zeigt das Schaubild die Gefährdung von Artenvielfalt und Natur, welche durch Flächenverbrauch und Artensterben gefährdet sind. Die Ausbreitung der menschlichen Zivilisation, Abholzung, Verringerung von Feuchtgebieten, Eismeeren und weiteren Landschaftstypen sorgen für einen Rückgang der Biodiversität und damit für nachhaltige Schäden an der Natur (vgl. ebd.).

Weiterhin werden Schadstoffe, Altlasten, Erosion und Flächenverbrauch als Gefahren für die Böden genannt. Vor allem Flächenversiegelung, Bodeneinträge durch Industrietätigkeiten, Ablagerungen durch z.B. Mülldeponien, Luftschadstoffe und landwirtschaftliche Schadstoffeinträge sorgen für Gefahrenpotenzial. Die Folgen von Schäden im Boden zeigen sich im Vergleich zu Luft- und Wasserverschmutzungen mit einer deutlichen Verzögerung, weshalb diese im Umweltschutz häufig weniger berücksichtigt werden, obwohl Böden für Pflanzen und Tiere Lebensraum bieten und als Wasserspeicher dienen (vgl. ebd.).

Als generelle Gefahren- und Risikoquellen werden rechts im Schaubild Abfälle, Produktionsanlagen, Chemikalien, Atom- und Gentechnik aufgelistet (vgl. ebd.)

Das Klima muss entgegen der Abbildung als großes Überthema betrachtet werden, denn es ist eines der wichtigsten, wenn es um Umweltschutz geht. Hauptursache für die aktuelle Klimaerwärmung sind anthropogene Treibhausgasemissionen, die den natürlichen Erwärmungseffekt der Sonneneinstrahlung verstärken (vgl. COSTANZA et al. 2015). Die Erwärmung des Klimas hat dabei bedeutende Auswirkungen auf alle anderen bereits genannten Umweltaspekte

2.3 Akteure der globalen Umwelt-Governance

Um gleichzeitig globalen, nachhaltigen, sowie ökologischen Fortschritt zu realisieren bedarf es einer internationalen Kooperationskultur, die von verschiedenen Interessensgruppen gestaltet werden kann und welche die globale Governance-Struktur bildet. Mit ihren Entscheidungen können so mithilfe verschiedener Werkzeuge, auf die weiter noch eingegangen wird, umweltbezogene Themen, Strukturen und Systeme gestoppt, verändert, verstärkt und geschaffen werden. Zudem können im Kontext der Lösung von Weltproblemen durch supranationale institutionelle Kooperationen gemeinsame Lösungskonzepte und Strategien entwickelt und durchgesetzt werden (vgl. FABRICIUS 2019). In der globalen Umweltpolitik können auf Basis der Devise „international entscheiden, national umsetzen und regional durchsetzen" (MESSNER & NUSCHELER 2000: 176) auf diese Weise wichtige Umweltprobleme angegangen werden. Dabei agieren die beteiligten Akteure auf der Grundlage verschiedener Governance-Formen, welche Hierarchie, Markt,

Gemeinschaften und Netzwerke sind. Um zu verstehen, wie die globale Umwelt-Governance funktioniert, muss somit jedoch auf die Akteure eingegangen werden, welche dessen Gerüst bilden (vgl. FABRICIUS 2019).

2.3.1   Nationalstaaten

Nationalstaaten fungieren als bedeutende Akteure vor dem Hintergrund der globalen Umwelt-Governance. Durch den Westfälischen Frieden 1648 wurde festgelegt, dass jeder Staat innerhalb seiner Grenzen souverän ist und kein anderer Staat bestimmen kann, welche Gesetze und Regeln innerhalb eines anderen Staates herrschen. Umweltprobleme sind in der Regel jedoch grenzüberschreitend und die Bekämpfung der Herausforderungen kann nur durch internationale Zusammenarbeit geregelt werden (vgl. CLAPP & DAUVERGNE 2011).

Auf der 1972 stattfindenden Weltumweltkonferenz in Stockholm wurden in einer Deklaration 26 Prinzipien verfasst, wovon das 21. besagt, dass Staaten innerhalb ihrer Grenzen zwar das Recht haben, ihre Ressourcen auszubeuten, jedoch nur dann, wenn dies nicht andere Staaten beeinflusst (UNEP 1972). Da jedoch die Auswirkungen auf andere Staaten durch Eingriffe in die Umwelt kaum nachzuweisen sind, ist die Kraft dieses Prinzips als eher gering einzuschätzen.

Ein weiteres Problem ist, dass Umweltprobleme zugleich dynamisch und komplex sind und ihnen oft nur durch langjährige Prozesse Einhalt zu gebieten ist. Durch die meist kurz andauernden und ergebnisorientierten Regierungszyklen kann die Bekämpfung von Umweltproblemen unattraktiv und damit nicht sehr wirksam sein. Die genannten Probleme hinsichtlich von Staaten als Akteure in der globalen Umwelt-Governance zeigen jedoch, welche Rolle sie spielen. Staaten haben durch die Entwicklung hin zu einem starken globalen Warenaustausch dafür gesorgt, dass Gelder und Technologien, die dem Umweltschutz zugutekommen internationale Grenzen überschreiten, auch wenn kritisiert wird, dass gerade die Globalisierung der Märkte einen negativen Einfluss auf die Umwelt nimmt (vgl. CLAPP & DAUVERGNE 2011).

Zudem haben die meisten Staaten inzwischen nicht nur Umweltministerien eingerichtet, sondern auch verwandte Ministerien wie z.B. Landwirtschafts-, Wirtschafts-, und Gesundheitsministerien, die Umweltaspekte behandeln (vgl. ADEN 2012). Gleichzeitig ist die Mehrzahl von ihnen Teil von zahlreichen Umweltabkommen, was nochmals unterstreicht, wie sehr Nationalstaaten weiterhin die globale Umwelt-Governance dominieren (vgl. CLAPP & DAUVERGNE 2011). Das liegt jedoch auch daran, dass den Staaten gegenüber allen anderen Akteuren die alleinige legitime und rechtskräftige Politikdurchsetzung obliegt (vgl. FABRICIUS 2019).

2.3.2 Internationale Institutionen und Weltkonferenzen

Internationale Institutionen wie zum Beispiel das Umweltprogramm UNEP[3] der Vereinten Nationen[4] (UN) können Staaten weltweit zusammenbringen, um Umweltprobleme durch internationale Abkommen im Rahmen von z.B. Weltkonferenzen zu bekämpfen (vgl. ADEN 2012). Beispiele für Weltkonferenzen sind der 12-tägige Rio-Gipfel von 1992 und auch das Pariser Klimaschutzabkommen von 2015. Die verschiedenen Internationalen Institutionen sind in sich unterschiedlich aufgebaut und haben global gesehen einen unterschiedlich großen Einfluss auf die Umwelt. Sie haben jedoch gemein, dass sie die Koordination einer kollektiven Entscheidungsfindung zwischen staatlichen und nicht-staatlichen Akteuren übernehmen (vgl. FABRICIUS 2019). Insbesondere durch die Arbeit der UNEP, welche auf allen räumlichen Ebenen Umweltdaten sammelt, wurden die meisten internationalen Umweltabkommen geschaffen (vgl. UNEP 2022). Bei der UNEP halten für eine Periode von drei Jahren 58 Staaten (nach dem Prinzip der regionalen Repräsentanz) den Vorsitz, welche innerhalb dieser Periode die Richtlinien der Umweltpolitik festlegen (vgl. CLAPP & DAUVERGNE 2011). Weitere Internationale Institutionen sind unter anderem die Welthandelsorganisation (WTO), die Weltgesundheitsorganisation (WHO), die Weltbank und die Ernährungs- und Landwirtschaftsorganisation der UN (FAO), die zwar ihren Hauptfokus nicht unbedingt auf den Umweltaspekt gerichtet haben, ihn aber dennoch mitgestalten. Zudem gibt es auch regionale Institutionen, wie zum Beispiel die Organisation für wirtschaftliche Zusammenarbeit und Entwicklung (OECD), die African Ministerial Conference on the Environment (AMCEN) oder die Association of Southeast Asian Nations (ASEAN) (vgl. ebd.).

Internationale Institutionen können neben verpflichtenden Abkommen auch durch aufgestellte Regeln und Normen in Form eines Angebots, an denen sich Staaten orientieren können, etwas in Bezug auf Umweltprobleme bewirken, den sogenannten „soft laws" (vgl. FABRICIUS 2019). Dabei kommt es darauf an, inwiefern sich Staaten den Normen freiwillig unterwerfen. So basieren einige Abkommen aufgrund der unterschiedlichen Interessenslage der beteiligten Akteure lediglich auf dem kleinsten gemeinsamen Nenner (vgl. REDER 2006).

Internationale Institutionen und Weltkonferenzen stellen damit den Rahmen für internationale Kooperation und bieten eine Diskussions- und Entscheidungsbühne. Dabei setzen sie auf Selbstverpflichtung statt auf hierarchische Muster, was dazu führt, dass die beteiligten Akteure ein

---

[3] United Nations Environment Programme (nachfolgend unter UNEP aufgeführt)

[4] nachfolgend unter UN aufgeführt

Normen- und Wertesystem festigen und langfristig Lösungsprozesse grenzüberschreitender Probleme dynamisiert werden (vgl. KRELL 2010). Dennoch umfassen internationale Umweltschutzregelungen Einhaltungsverfahren, wie z.B. Berichtspflichten, Verwarnungen oder die Suspendierung von Rechten. Des Weiteren kann durch die Veröffentlichung von Verletzungen an Umweltschutzvereinbarungen ein Imageverlust herbeigeführt werden. Das oberste Organ für die Umsetzung von Abkommen ist dabei die Versammlung an Ländern, die ein Abkommen unterzeichnet haben (vgl. TREUTNER 2018). Damit stellen Internationale Institutionen und Weltkonferenzen ein wichtiges Element im Gerüst der globalen Umwelt-Governance dar.

2.3.3 Nichtregierungsorganisationen[5] (NGOs)

NGOs definieren sich dadurch, dass sie regierungsunabhängig sind und sich unabhängig durch z.B. Spenden und Mitgliedsbeiträge finanzieren. Damit haben NGOs kein Interesse an einer Profitvermehrung oder Kommerz. Sie stellen außerdem (neben politischen Wahlen) ein Mittel dar, das der Zivilbevölkerung erlaubt, sich für bestimmte Themen einzusetzen und damit möglicherweise auf politische Entscheidungen Einfluss zu nehmen (vgl. FABRICIUS 2019). NGOs machen oftmals auf drastische und provokante Art und Weise auf Probleme aufmerksam, um damit Druck auf Entscheidungsträger*innen in der Politik auszuüben. Sie wirken somit gegenüber Regierungen gleichzeitig sowohl als Kontrollorgan als auch als Warnsystem für möglicherweise bevorstehende Probleme oder Gefahren (vgl. ebd.). Auf diese Weise hat es Greenpeace zum Beispiel geschafft, das Image des Walfangs von einem heroischen Kampf hin zum Bild eines Abschlachtens von Unschuldigen zu drehen (vgl. CLAPP & DAUVERGNE 2011).

Die mehr als 10.000 NGOs, die es gibt, unterscheiden sich aufgrund des fokussierten Problemfeldes, der Größe und der Aktionen voneinander (vgl. FABRICIUS 2019). Man findet sie zudem sowohl auf globaler (z.B. Greenpeace oder Friends of the Earth International) als auch auf regionaler Ebene (z.B. Pesticide Action Network). Außerdem unterscheiden sich die Intensität der Zusammenarbeit mit Regierungen und/oder Internationalen Institutionen maßgeblich. Auf der einen Seite gibt es NGOs, die als Entscheidungsträger mit Staaten (vor allem des Globalen Südens) zusammenarbeiten und diese mit wissenschaftlichen Daten und in Verhandlungen unterstützen und auf der anderen Seite sind es eher regierungskritisch eingestellte Organisationen (vgl. CLAPP & DAUVERGNE 2011). Auf Grund der besseren Interessensdurchsetzung sind NGOs oftmals jedoch auf die Nähe und den Kontakt zu demokratisch legitimierten Entscheidungskräften angewiesen (vgl. FABRICIUS 2019).

---

[5] nachfolgend unter NGO aufgeführt

NGOs sind mit ihrer Vielfalt an Ausprägungen und als zivilgesellschaftlicher Arm kaum mehr aus dem Gerüst der globalen Umwelt-Governance wegzudenken. Neben den NGOs als zivilgesellschaftliche Gruppen müssen jedoch auch die Individuen, welche die Zivilgesellschaft ausmachen als Akteure genannt werden. Diese können als Verbraucher*innen durch Kauf- und Verhaltensentscheidungen, sofern sie dazu privilegiert sind, direkt oder indirekt über den Markt, Einfluss auf die Umwelt nehmen und fungieren als weiteres Steuerelement in der globalen Umwelt-Governance (vgl. ADEN 2012).

2.3.4 Transnationale Unternehmen

Neben NGOs zählen Transnationale Unternehmen zu den wichtigsten nicht-staatlichen Akteuren im Gerüst der globalen Governance. Sie zeichnen sich dadurch aus, dass sie aus einem Mutternunternehmen und Tochterunternehmen im Ausland bestehen. Durch die Abgabe von Kompetenzen und Entscheidungspotenzial an nicht-staatliche wirtschaftliche Akteure wie z.B. Nestlé, Unilever oder Wilmar International Ltd., haben diese großen Einfluss auf den Verlauf der Globalisierung. Etwa vier Prozent des globalen Bruttoinlandsprodukts wird von Transnationalen Unternehmen erwirtschaftet (vgl. FABRICIUS 2019). Durch internationale Investitionen und Beschäftigungsübernahmen bauen sie ihre politische und wirtschaftliche Macht aus. Das Hauptinteresse von Transnationalen Unternehmen besteht dabei in der Gewinnmaximierung des Mutterunternehmens. Die 10 größten Unternehmen dieser Art (der ca. 82.000 existierenden) wirtschaften dabei insbesondere im sekundären Sektor, sowie im Energie- und Telekommunikationsbereich (vgl. ebd.). Viele Transnationale Unternehmen erkennen zunehmend ihre globale Verantwortung, indem sie über die Steuerwirkung von Angebot und Nachfrage Regulierungsansätze wie z.B. den Clean Development Mechanism (CDM) berücksichtigen. Durch diesen Mechanismus können günstig Treibhausgase reduziert und es müssen dabei Experten von nicht-staatlichen Akteuren miteinbezogen werden (vgl. ebd.).

2.4 Werkzeuge der Akteure

Um bestimmte Umweltziele zu erreichen haben die Akteure der globalen Umwelt-Governance verschiedene Mittel zur Verfügung, um diese zu erreichen. In der Realität kommen dabei meistens Instrumentenmischungen oder hybride Instrumente zum Einsatz. Die Instrumente lassen sich dabei nach BÖCHER & TÖLLER (2007) in folgende Kategorien einteilen: persuasive Instrumente, kooperative Instrumente, prozedurale Instrumente, marktwirtschaftliche Instrumente und regulative Instrumente.

2.4.1 Persuasive Instrumente

Bei den persuasiven Instrumenten bedarf es nur wenig bis keiner staatlichen Intervention, was für die Zivilbevölkerung oder NGOs aufgrund der unkomplizierten Umsetzbarkeit interessant ist. Zu dieser Form der umweltpolitischen Steuerung zählen Umweltinformationen, Umweltbildung, Symbole und Zertifizierungsprogramme, welche vor allem in Anbetracht der globalen Umwelt-Governance sehr wichtig sind (vgl. BÖCHER & TÖLLER 2007). Auf diese Weise können auf der Straße, in Schulen oder in den Sozialen Medien umweltbezogene Informationen verbreitet werden und das Interesse der Zivilbevölkerung für diese Thematik geweckt werden (vgl. COSTANZA et al. 2015). Des Weiteren haben Öko-Zertifizierungen, Symbole und Label[6] Einfluss auf Entscheidungen von Käufer*innen. Sie informieren mit standardisierten Informationen zu bestimmten Produkten oder Dienstleistungen. Label sollen dabei zum einen das Umweltbewusstsein fördern und haben damit auch einen umweltbildenden Aspekt, zum anderen sollen sie auch tatsächlich zu ökologischeren Entscheidungen führen (vgl. WURZEL et al. 2014).

2.4.2 Kooperative Instrumente

Freiwillige Selbstverpflichtungen, Runde Tische und Dialogforen gehören zu den kooperativen Instrumenten der globalen Umwelt-Governance (vgl. BÖCHER & TÖLLER 2007). Dabei handeln Individuen, Unternehmen oder Organisationen im Rahmen selbst aufgestellter Regeln, die sich positiv auf die Umwelt auswirken, ohne dass dadurch lediglich geltendes Recht eingehalten wird und/oder aus der Motivation heraus, potenzieller ökonomischer Vorteile (vgl. CARTER 2015). Das Ziel der kooperativen Umweltschutzinstrumente ist es zudem, z.B. in Form Runder Tische, staatliche Umweltschutzgesetze durch Kooperationen zwischen Staat und Umweltnutzer*innen zu ersetzen oder zu ergänzen. Diese Form der Steuerung kann unter Umständen wirksamer sein, da der Staat nicht einfach von oben herab Regeln erlässt, sondern die von den Regelungen betroffenen Unternehmen miteinbezieht und dadurch die Akzeptanz steigt (vgl. ADEN 2012).

2.4.3 Prozedurale Instrumente

Durch prozedurale Instrumente wie z.B. Umweltverträglichkeitsprüfungen durch das Eco-Management and Audit Scheme[7] (EMAS) und umweltbezogene Normen der Internationalen Organisation für Normung[8] (ISO)

---

[6] Mit Label sind Zusatzhinweise zur Qualität von Produkten oder zu Dienstleistungen gemeint.

[7] nachfolgend unter EMAS aufgeführt

[8] nachfolgend unter ISO aufgeführt

sollen Unternehmen und andere Organisationen regelmäßig eine Umweltprüfung durchlaufen (vgl. Böcher & Töller 2007). Amtlich zugelassene Gutachter*innen sollen dabei Möglichkeiten der Verbesserung der Produktion des jeweiligen Unternehmens erarbeiten. In vielen Fällen können Unternehmen durch die Prüfung entstehender Innovationen nicht nur höhere Umweltschutzstandards erreichen, sondern auch Kosten einsparen. Zudem dürfen beteiligte Unternehmen und Organisationen die Zeichen der eingehaltenen ISO-Norm, bzw. das EMAS-Zeichen zur Imagewerbung verwenden (vgl. Aden 2012). Das EMAS, welches auch als Öko-Audit bekannt ist, wurde von der Europäischen Union entwickelt und enthält alle Anforderungen an die ISO-Norm 14001, jedoch um einige Anforderungen ergänzt. ISO-Normen hingegen, die es neben umweltbezogenen Themen in fast allen anderen Bereichen gibt, sind weltweit vertreten, wobei aktuell 167 Länder der ISO angehören (vgl. Weiß & Bentlage 2006).

2.4.4 Marktwirtschaftliche Instrumente

Die marktwirtschaftlichen Instrumente wie z.B. Umweltsteuern, handelbare Emissionsrechte, Subventionen oder Förderprogramme setzen auf finanzielle Anreize zur Durchsetzung von umweltpolitischen Zielen (vgl. Böcher & Töller 2007). Sie werden eingesetzt, um Akteure durch die Aussicht auf ökonomische Vorteile zu umweltschützendem Verhalten zu bewegen (vgl. Klemmensen et al. 2007). Dies kann durch Steuern oder Abgaben geschehen, wenn zum Beispiel für erhöhte Schadstoffausstöße oder die Verwendung umweltschädlicher Stoffe in der Produktion Ausgleichzahlungen verlangt werden. Andersherum können durch Subventionen umweltfreundliche Produkte oder Produktionen an ökonomischer Attraktivität gewinnen (vgl. Costanza et al. 2014). Ein weiteres marktwirtschaftliches Instrument, welches zudem völker- und europarechtlich verankert ist, sind handelbare Emissionszertifikate. Auf diese Weise bekommen schadstoffausstoßende Firmen von staatlichen Stellen Emissionsrechte zugeteilt. Wenn das Unternehmen es schafft, seine Emissionen zu senken, dann können die überschüssigen Emissionsrechte verkauft werden (vgl. Aden 2012).

2.4.5 Regulative Instrumente

Der stärkste Grad staatlicher Intervention wird den regulativen Instrumenten vorausgesetzt. Diese benötigen Gesetze als Grundlage der Durchsetzung und im Falle einer Nichtdurchsetzung die rechtskonforme Möglichkeit der Bestrafung, bzw. Sanktionierung (vgl. Carter 2015). Wenn deutlich wird, dass bei einer bestimmten Produktion zu viele Emissionen einer bestimmten Art verursacht werden, dann liegt es am nächsten, die Verursacher*innen direkt zu regulieren (vgl. Endres 2013). Bei den regulativen Instrumenten lassen sich drei Grundtypen unterscheiden: vollkommene Verbote bestimmter Produkte oder Stoffe, Verbote von Produkten oder Verfahren, die Grenzwerte überschreiten und Genehmigungsvorbehalte von Stoffen, welche nur auf Antrag und erst nach einer staatlichen Genehmigung erlaubt sind. Das Instrumentarium des Umweltrechts hat sich im Laufe der Zeit ausdifferenziert und viele verschiedene Steuerungsansätze entwickelt (vgl. ADEN 2012).

2.5 Probleme der globalen Umwelt-Governance

Es scheint kein Weg an einer globalen Governance vorbeizuführen, um globale Umweltthemen zu diskutieren. Die globale Umwelt-Governance ist ein nützliches Konstrukt, um die lokalen Ebenen der Umweltpolitik zu einer globalen zusammenzufassen, mithilfe welcher die weltweiten Umweltprobleme angegangen werden können. Normsetzende Institutionen können auf diese Weise mit einer hohen geographischen Reichweite agieren. Dennoch wirken Verhandlungen und Entscheidungen der Akteure der globalen Umwelt-Governance oftmals träge und nicht ausreichend für eine wirklich nachhaltige ökologische Entwicklung.

MESSNER & NUSCHELER (2003) führen an dieser Stelle sogenannte scaling-up problems an. Demnach treffen, je größer die Anzahl an Akteuren ist, mehr nicht miteinander kompatible Interessenslagen aufeinander. Auch zwischenstaatliche Konflikte oder eine unterschiedliche Prioritätensetzung der Handelnden können zu Schwierigkeiten führen. Es wird jedoch betont, dass die scaling-up problems auch die Komplexität bei der Problembearbeitung betreffen. Die Folgen, die sich daraus ergeben, können Organisationsprobleme, Einigungsblockaden und Stagnation sein. Strukturen, Mechanismen und Wirkungen müssen dabei analysiert werden, um Interessenshomogenität zu erreichen (vgl. MESSNER & NUSCHELER 2003).

Ein weiteres Problem ist die Durchsetzung von Normen, da diese im Gegensatz zu nationalem Recht weniger verbindlich sind. Völkerrechtliche Verträge, die Verpflichtungen etablieren, unterliegen der Grundlage der Unterzeichnung und anschließenden Ratifizierung durch die beteiligten Staaten (vgl. ADEN 2012). In Bezug zu völkerrechtlichen Instrumenten gibt es indes normalerweise keine Sanktionsmechanismen gegen Staaten, die sich nicht an die Vereinbarungen halten (vgl. BÖCHER & TÖLLER 2018). Daher muss in Zukunft ein höherer Grad an Verbindlichkeit zur Umsetzung der Vereinbarungen gegeben sein. Beim Kyoto-Protokoll zum Umweltschutz hat die EU zum Beispiel die Vertragsverpflichtungen zügig in ihr Recht umgesetzt, wodurch die Mitgliedsstaaten doppelt unter Druck gesetzt wurden. Einmal aufgrund ihrer eigenen Beteiligung an den Verpflichtungen und durch die Pflicht europäisches Recht anzuwenden (vgl. ADEN 2012).

Als problematisch kann ebenfalls das Legislaturdefizit von zivilgesellschaftlichen Akteuren wie zum Beispiel NGOs betrachtet werden, die in der Regel nicht konstitutionell verankert sind und für die Umsetzung von Interessen auf staatliche, gesetzgebende Institutionen angewiesen sind (vgl. BOLTON 2000).

3. Zertifizierungen als persuasives Instrument der globalen Umwelt-Governance

Die Zertifizierung als persuasives Instrument der Governance kann als „[...] Gesamtprozess, der von einer (akkreditierten und bei Bedarf zugelassenen) Zertifizierungsstelle durchgeführt wird, die von Interessen als Anwender dieses Gegenstandes unabhängig ist [...]" (FRIEDEL & SPINDLER 2016: 8), beschrieben werden. Dem Zertifizierungsprozess können Dienstleistungen, Produkte und Managementsysteme unterzogen werden, wobei die Zertifizierung die Bestätigung einer Konformitätsaussage darstellt. Diese erfolgt dabei auf Grundlage einer Entscheidung und Bewertung, dass die entsprechenden festgelegten Anforderungen erfüllt sind (vgl. FRIEDEL & SPINDLER 2016). Die Nachhaltigkeitszertifizierung ist dabei das häufigste verwendete Instrument zur Erfüllung von Beschaffungsrichtlinien (vgl. CARLSON 2017).

Grundsätzlich sollen Zertifizierungen, wie bereits erwähnt, standardisierte Informationen an Konsument*innen herantragen, da diese in der heutigen Zeit meistens in einer distanzierten Position zu Produktionssystemen stehen (vgl. WURZEL et al. 2014, vgl. EDEN 2011). Durch die Distanz zur Herkunft von Produkten, den Gegebenheiten in Lieferketten oder Produktionsprozessen, können Schäden, wie z.B. Verschmutzung oder Ausbeutung, leicht versteckt werden. Zertifizierungssysteme[9] können an dieser Stelle als Werkzeug eingesetzt werden, um Unsichtbares sichtbar zu machen. Sie sollen dabei Konsument*innen über die Effekte, die mit einem bestimmten Produkt oder einer Dienstleistung einhergehen informieren, bzw. garantieren, dass durch den Kauf eines Produktes bestimmte Negativeffekte ausbleiben (vgl. EDEN 2011). Auf diese Weise stellen Zertifizierungen Verbraucher*innen eine Orientierungshilfe bei Kaufentscheidungen (vgl. FRIEDEL & SPINDLER 2016).

Zertifizierungssysteme kommen dann zum Einsatz, wenn Nationalstaaten nicht in der Lage sind, nationale und internationale Vereinbarungen zu treffen, um Nachhaltigkeitsregeln – in sozialer, wirtschaftlicher und ökologischer Hinsicht – aufzustellen. Für die Entwicklung und Aufrechterhaltung solcher Zertifizierungssysteme sind sogenannte Systemträger verantwortlich, die mit unterschiedlichen

---

[9] Als Zertifizierungssystem werden die zu erfüllenden Anforderungen und Regeln sowie das Verfahren und Management in der Gesamtheit zur Durchführung eines Zertifizierungsprozesses beschrieben (vgl. FRIEDEL & SPINDLER 2016).

Hintergründen und Rechtsformen auftreten. Initiatoren und Systemträger für neue Zertifizierungssysteme sind in den meisten Fällen Interessensverbände, NGOs, staatliche Stellen, Investoren oder die Wissenschaft (vgl. FRIEDEL & SPINDLER 2016). Die zertifizierten Unternehmen unterwerfen sich dabei auf freiwilliger Basis den Regeln des Zertifizierungssystems und werden bei Einhaltung aller Anforderungen durch eine Zertifizierungsstelle bestätigt. Gleichzeitig dürfen sich zertifizierte Unternehmen nicht am Managementsystem des Zertifizierungssystems beteiligen. Die Handlungsfelder für die Zertifizierung von Produkten haben sich in den letzten Jahren vervielfacht. In der EU gibt es derzeit etwa 450 Produktzertifizierungen allein im Lebensmittelbereich (vgl. ebd.).

Zertifizierungssysteme haben den großen Vorteil, dass sie von NGOs und der Zivilbevölkerung als Steuerungsinstrument eingesetzt werden können, da zur Umsetzung keine legislative Grundlage existieren muss. Zudem können durch Zertifizierungsprogramme fehlende Regulierungsmechanismen von Regierungen abgefedert werden, auch wenn diese dadurch nicht ersetzt werden. Zertifizierungssysteme sind somit als Hilfestellung und gewissermaßen auch als Selbstregulierungswerkzeug der Zivilbevölkerung zu verstehen (vgl. FRIEDEL & SPINDLER 2016). Ein weiterer positiver Aspekt, der mit Zertifizierungssystemen einhergeht, ist, dass sie vielen Unternehmen und Produkten den Zugang zu Märkten erleichtern. Auf diese Weise wohnt ihnen neben den ökologischen Vorteilen auch der ökonomische Anreiz für Unternehmen inne (vgl. ebd.).

Auf der anderen Seite geraten Zertifizierungsprogramme schnell an ihre Grenzen. Während sie ab den 1990er-Jahren noch als Wundermittel für alle möglichen Probleme propagiert wurden, ist in den letzten Jahren deutlich geworden, dass sie, wie bereits beschrieben, keine fehlenden Regierungsstrukturen ersetzen können und nur so gut sind wie die Prüfer*innen, die sie kontrollieren. Ein weiteres Problem ist, dass, je ehrgeiziger der Anforderungskatalog ist, desto größere Betriebs- und Produktionsstrukturen sind vonnöten, welche den Kriterien nachkommen können. Das hat zur Folge, dass in vielen Fällen Kleinbauern und -bäuerinnen und kleinen Kooperationen der Marktzugang versperrt wird, anstatt ihnen diesen zu ermöglichen (vgl. WALTHER-THOß 2016). Ganz im Gegenteil besteht gar die Gefahr der Ausbeutung durch Konzerne aufgrund von Zertifizierungssystemen. Dies kann passieren, wenn große Händler verlangen, dass sich ihre Produzent*innen zertifizieren lassen, was für diese mit teils hohen Kosten einhergeht. Auch wenn dann die im Anschluss zertifizierten Produkte zu einem höheren Preis an die Konsument*innen verkauft werden können – was sie nicht immer der Fall ist -, werden die zusätzlichen Gewinne nicht an die Produzent*innen weitergereicht (vgl. EDEN 2011).

Die Vielzahl an Zertifizierungsprogrammen, die auf dem Markt existieren, haben zudem zur Folge, dass eine komplette Übersicht und Bewertung schwierig ist. Eine solche wäre allerdings bei den offensichtlichen Qualitätsunterschieden die hinter Labels stehen dringend erforderlich (vgl. FRIEDEL & SPINDLER 2016). Dadurch entsteht ein Informationsdefizit bei Konsument*innen, die beim Einkauf gezwungenermaßen darauf vertrauen müssen, dass ein Produkt mit Label „besser" als eines ohne ist. Das Vertrauen in zertifizierte – und aufgrund dessen oftmals teurere – Produkte ist bei vielen jedoch gebrochen, da immer wieder Fälle von Regelbrüchen zertifizierter Unternehmen oder von Greenwashing[10] öffentlich werden (vgl. EDEN 2011).

Auch wenn Zertifizierungssysteme in den meisten Fällen ein Schritt in die richtige Richtung sind, ist festzustellen, dass nicht alle Probleme – insbesondere soziale – durch sie gelöst werden können und durch Missbrauch Konsument*innen das Vertrauen verlieren können, denen ohnehin aufgrund der Komplexität in aller Regel Hintergrundinformationen zu allen Labels fehlen.

3.1 Fallbeispiel Palmöl und RSPO

Um das Thema der Zertifizierungssysteme nachvollziehen zu können, ist es hilfreich, Beispiele zu betrachten. Besonders geeignet dafür sind Zertifizierungssysteme, welche Palmöl zertifizieren, da dies ein sehr aktuelles und kontrovers diskutiertes Thema ist, welches die letzten Jahre immer mehr an Brisanz gewinnt und in Zukunft noch weiter in den Fokus rücken wird.

3.1.1 Hintergrund Palmöl

Die Ölpalme stammt ursprünglich aus Westafrika und wird zunehmend in den tropischen Regionen der Erde angebaut. Das Palmöl, welches aus den Früchten der Ölpalme gewonnen wird, kann aufgrund seiner positiven Eigenschaften – insbesondere aufgrund der Geschmacksneutralität und der Hitzeresistenz – vielfältig eingesetzt werden. Neben der Lebensmittel- und Kosmetikindustrie wird das Öl auch in Energieerzeugungsprozessen und als Biokraftstoff genutzt (vgl. SAHNER et al. 2018). Mit

---

[10] Beim sogenannten „Greenwashing" handelt es sich um ein Phänomen, bei welchem Unternehmen unter anderem durch Label versuchen, ihr eigenes oder das Image eines Produktes aufzubessern, dem es in der Realität allerdings an Substanz fehlt. Doch auch wenn sich ein Unternehmen als „Grün" bezeichnet, doch gleichzeitig Lobbyismus gegen strengere Umweltregulierungen betreibt, kann von „Greenwashing" gesprochen werden. Also wenn Unternehmen, meistens aus wirtschaftlichen Interessen, etwas von sich behaupten, dass mehr dem Image dient als tatsächlich dem nachhaltigen Fortschritt (vgl. CLAPP & DAUVERGNE 2011).

steigender Weltbevölkerung werden vermehrt landwirtschaftliche Produkte gefragt, wobei Palmöl auf Grund seiner Flächeneffizienz besonders attraktiv ist (vgl. KNOKE & INKERMANN 2015).

Deutschland importierte allein im Jahr 2021 etwa 297.000 Tonnen Palmöl (vgl. AHRENS 2022). Zwischen den Jahren 1961 und 2006 stieg die Fläche der Palmölplantagen weltweit von 3,9 Millionen auf 13,9 Millionen Hektar an (vgl. WILCOVE & KOH 2008). Im Jahr 2017 betrug die Fläche bereits über 21 Millionen Hektar (vgl. SAHNER et al. 2018). Die potenziellen Anbaugebiete der Ölpalme liegen aufgrund der klimatischen Ansprüche ausschließlich in den Tropen. Die Plantagen befinden sich daher neben afrikanischen und lateinamerikanischen vor allem in südostasiatischen Ländern wie Malaysia und Indonesien, die mit einem Anteil von ca. 85% an der Produktion als globale Marktführer einzustufen sind (vgl. KNOKE & INKERMANN 2015).

Der Anbau der Ölpalmen ist jedoch trotz der Flächeneffizienz gegenüber anderen Ölpflanzen stark umstritten (vgl. AZHAR et al. 2015). Neben Vorwürfen wie Menschenrechtsverletzungen, Landraub und Bodendegradation tritt vor allem das Thema des Biodiversitätsverlusts[11] in den Vordergrund (vgl. SAHNER et al. 2018). Der stetig wachsende Wirtschaftszweig führt in den Anbauländern zu großen Umweltproblemen, wobei die Ökosysteme der Tropen besonders empfindlich gegenüber Veränderungen reagieren (vgl. AZHAR et al. 2015, vgl. KNOKE & INKERMANN 2015). Die Tropen zählen zu den artenreichsten Regionen der Erde und werden dadurch gefährdet, dass natürliche Wälder Monokulturen[12] weichen müssen (vgl. WEBER 2018). Allein auf der indonesischen Insel Borneo werden 15,5% der Fläche von Palmölplantagen bedeckt und in Malaysia konnte nachgewiesen werden, dass zwischen 1985 und 2000 87% der entwaldeten Flächen auf die Errichtung von Palmölplantagen zurückzuführen sind (vgl. MORGANS et al. 2018, vgl. FISCHER & NIERULA 2019). Die Plantagen weisen im Vergleich zu den natürlichen Wäldern deutlich weniger Arten auf (vgl. AZHAR et al. 2015). Während bei einigen Arten starke Rückgänge von über 80% zu verzeichnen sind, sind andere Arten, wie der Sumatra-Tiger und der Borneo-Orang-Utan konkret vom irreversiblen Aussterben bedroht (vgl. KOH & WILCOVE 2008, vgl. KNOKE & INKERMANN 2015).

---

[11] Biodiversität ist die Vielfalt an Pflanzen- und Tierarten, Ökosystemen und der genetischen Eigenschaften innerhalb von Arten (vgl. MARZELLI 2012).

[12] Es kann zwischen drei monokulturellen Anbaumethoden unterschieden werden: dem Anbau durch Kleinbauern und -bäuerinnen, dem Anbau durch private oder staatliche Unternehmen oder einer Mischung daraus. Andere Anbaumethoden neben der Monokultur, wie z.B. der agroforstwirtschaftliche Anbau, spielen keine wesentliche Rolle für die hohe Nachfrage, die gedeckt werden muss (vgl. FISCHER & NIERULA 2019).

Die Biodiversität ist jedoch nicht nur direkt durch die Plantagen gefährdet, sondern auch indirekt dadurch, dass durch den Straßenbau Schneisen in intakte Wälder geschlagen werden, die daraufhin für Wilderer und für illegale Holznutzung leichter zugänglich werden (vgl. FISCHER & NIERULA 2019). Neben der Gefahr des Biodiversitätsverlusts durch Palmölplantagen spielen Umweltfaktoren eine bedeutende Rolle. Denn die tropischen Regen- und Torfsumpfwälder sind wichtige Kohlenstoffspeicher (vgl. LAURANCE et al. 2010). Insbesondere Torfsumpfwälder mit ihren ausgesprochen fruchtbaren Böden sind für Neuerschließungen interessant. Auf Torfböden kann fast die doppelte Menge an Ölpalmen gepflanzt werden. Der Anbau auf diesen Flächen hat noch größere Folgen für das Klima als bei anderen Wäldern (vgl. FISCHER & NIERULA 2019). Bei der Trockenlegung von Torfmooren werden große Kohlenstoffspeichervernichtet, was mit hohen Kohlenstoffdioxidfreisetzungen einhergeht. Pro Hektar sind es zwischen 3.750 und 5.400 Tonnen. Aus diesem Grund gehört Indonesien zu einem der Länder mit dem größten Treibhausgasausstoß weltweit (vgl. KNOKE & INKERMANN 2015).

3.1.2 Hintergrund RSPO

Der Multi-Stakeholder[13] RSPO (siehe Abb.2) wurde im Jahr 2004 durch den WWF Schweiz und einigen europäischen Lebensmittelherstellern gegründet. Der gemeinnützige Verein hat seinen Sitz in Zürich, richtet sich nach Schweizer Recht und agiert nach einem marktbasierten Mechanismus, dessen Ziel es ist, Anreize zu schaffen, sodass Unternehmen nachhaltiges Palmöl fördern (vgl. FABRICIUS 2019, vgl. MORGANS et al. 2018). Der RSPO hat im Jahr 2016 3252 Mitglieder, denen knapp 140.000 smallholder[14] gegenüberstehen, die nicht in Entscheidungen eingebunden werden (vgl. FABRICIUS 2018). Zu den Mitgliedern gehören neben NGOs, Transnationalen Unternehmen auch Internationale Institutionen.

Anm. der Red.: Diese Abb. wurde aus urheberrechtlichen Gründen entfernt.

Abb.2: Logo des RSPO (THEPALMSCRIBE 2022)

---

[13] Multi-Stakeholder-Initiativen sind freiwillige Zusammenschlüsse verschiedener öffentlicher, zivilgesellschaftlicher und privatwirtschaftlicher Akteure, bei denen es um die Lösung komplexer gesellschaftlicher Probleme geht (vgl. PALLADINO & SANTANIELLO 2021).

[14] Als smallholder werden diejenigen bezeichnet, die Ölpalmen anpflanzen, ernten und verarbeiten (vgl. FABRICIUS 2019).

Die Herstellung und Verarbeitung des pflanzlichen Öls soll auf sozialverträglich und ökologisch nachhaltiger Ebene stattfinden (vgl. KNOKE & INKERMANN 2015). Das Versprechen des RSPO lautet: keine Rodung von Regenwäldern oder weitere ökologisch wichtige Waldgebiete für Plantagen, Schutz von bedrohten Tier- und Pflanzenarten auf den Plantagen, den Boden-, Wasser- und Lufthaushalt zu schützen, die Befolgung gesetzlicher Maßnahmen, keine Kinderarbeit und die Einbindung von Kleinbauern und -bäuerinnen. Kontrolliert werden soll das durch unabhängige Prüfer*innen (vgl. SAHNER et al. 2018).

Weltweit werden etwa 20% des Palmöls vom Zusammenschluss des RSPO zertifiziert (vgl. CARLSON et al. 2017). In Malaysia und Indonesien wird dabei fast die Hälfte des produzierten Palmöls vom RSPO zertifiziert. In den lateinamerikanischen Ländern Brasilien und Kolumbien hingegen sind es nur 1% (vgl. KNOKE & INKERMANN 2015).

3.1.3 Ziele

Der RSPO hat 2008 Mindeststandards zur nachhaltigen Produktion von Palmöl eingeführt. Diese haben weltweite Gültigkeit, basieren auf acht Prinzipien und 43 Kriterien und werden alle fünf Jahre erneuert (vgl. FABRICIUS 2019). Diese lassen sich nach FISCHER & NIERULA (2019) folgend zusammenfassen:

- Transparenz (hinsichtlich Verhandlungen, Landnutzungsrechten, High Conservation Value[15] (HCV) Arealen etc.)

- Sachkenntnis im gesamten Produktionsprozess (Auswahl und Reduktion von Düngern und Pflanzenschutzmitteln, Erosionsschutz, Renaturierung von ungenutzten Flächen etc.)

- Die Reduzierung von ökologischen Auswirkungen und Identifizierung von HCV-Flächen (Reduzierung von Brandrodung und Treibhausgasen, Schutz von HCV-Gebieten und gefährdeten Arten etc.)

- Identifizierung gesellschaftlicher Folgen vor Ort und der Rückgang von negativen Aspekten bereits bestehender Plantagen (Wahrung der Rechte, Trinkwassersicherheit, Konfliktbewältigung, Unterstützung von zuliefernden Kleinbauern und -bäuerinnen etc.)

- Pässe, Identifikationspapiere und Gehälter dürfen nicht abgenommen werden

---

[15] für den Naturschutz besonders bedeutende Gebiete (nachfolgend als HCV aufgeführt) (vgl. FISCHER & NIERULA 2019)

- Neue Anpflanzungen erst nach Einhaltung der Grundbedingungen und Verträglichkeitsprüfungen (Identifizierung von HCV-Gebieten und denen, die die Versorgung der ansässigen Bevölkerung sichert, Bodenuntersuchungen, eingeschränkte Brandrodung oder Umwandlung von Primärwäldern etc.)

3.1.4 Auswirkungen und Kritik

Am RSPO kann man in vielerlei Hinsicht Kritik äußern. Neben strukturellen Problemen, wie beispielsweise nicht unabhängigen Kontrollen können auch im Hinblick auf die Regelungen und deren Umsetzung sowie auf die Folgen der durch den RSPO zertifizierten Palmölproduktion Missstände gefunden werden.

Ein Problem besteht dabei in dem Lieferkettenmodell. Der RSPO stellt seinen Produzent*innen vier verschiedene Handelswege zur Verfügung, über welche das Palmöl gehandelt und verarbeitet werden kann. Diese unterscheiden sich in ihrer Qualität. Bei den beiden höherwertigen Wegen „Identity Preserved" und „Segregation" wird das zertifizierte Palmöl von nicht-zertifiziertem strikt getrennt und die Herkunftsplantage des Öls ist nachvollziehbar. Der Unterschied besteht lediglich darin, dass beim Weg „Segregation" das zertifizierte Öl verschiedener Quellen gemischt werden darf (vgl. RSPO 2022). Produkte die Palmöl dieses Weges enthalten, dürfen das RSPO-Warenzeichen tragen (vgl. FABRICIUS 2019).

Fragwürdig sind die Wege der „Mass Balance" und „Book & Claim". Bei „Mass Balance" wird zertifiziertes mit nicht-zertifiziertem Palmöl gemischt und Produkte bekommen einen RSPO-Gemischt Siegel, der aussagt, dass das Produkt zertifiziertes Palmöl enthält. Es beinhaltet jedoch keine Information darüber, wie viel zertifiziertes Palmöl beigemischt ist. Im schlechtesten Fall geht der Anteil gegen Null (vgl. FABRICIUS 2019). Beim besonders kritisch zu betrachtenden Weg „Book & Claim", bei dem es sich um ein Zertifikathandelssystem handelt, können Anbauunternehmen von zertifiziertem Palmöl ihr produziertes Öl in die Lieferkette nicht-zertifizierten Palmöls einspeisen und bekommen dafür RSPO-Zertifikate. Diese Zertifikate können anschließend an Unternehmen verkauft werden, die daraufhin dazu berechtigt sind, ihre Produkte mit einem Verweis versehen, dass sie nachhaltig produziertes Palmöl unterstützen (vgl. RSPO 2022). Das heißt jedoch nicht, dass ihre Produkte zertifiziertes Palmöl enthalten (vgl. FISCHER & NIERULA 2019).

Da die beiden letztgenannten Lieferkettenwege deutlich günstiger sind, schlagen viele Unternehmen diese Wege ein. Das zeigt sich auch daran, dass über 70% des in Indonesien produzierten Palmöls den Handelsweg „Book & Claim" einschlägt, womit die RSPO-Kriterien an Inhalt verlieren. Dieser Fakt offenbart, dass beim RSPO wirtschaftliche Interessen einen hohen Stellenwert haben (vgl. Fabricius 2019). Greenpeace Schweiz (2016) geht noch weiter und kritisiert, dass der RSPO soziale und ökologische Faktoren gegenüber ökonomischen hintenanstellt. Dem widerspricht auch nicht, dass der Vorsitzende des RSPO beim Konzern Unilever tätig ist (vgl. Fabricius 2019).

Ein weiterer Kritikpunkt betrifft den Umgang des RSPO gegenüber Kleinbauern und Kleinbäuerinnen, wobei Fabricius (2019) anführt, dass diese neben Umwelt- und Sozialverbänden im Verband unterrepräsentiert sind. Trotz gleichem Stimmrecht sind 96% der Mitglieder (Groß-)Unternehmen und Banken. Des Weiteren lohnt sich die Zertifizierung für viele Kleinfarmer*innen nicht, da sie keine höheren Preise gegenüber dem konventionellen Anbau erhalten (vgl. Sahner et al. 2018). Gleichzeitig ist der Prozess der Zertifizierung jedoch mit Kosten verbunden, die von den meisten Betrieben nicht gestemmt werden können. Zudem mangelt es oft an dem notwendigen Wissen zum Zertifikationsprogramm (vgl. Brandi et al. 2015).

Weitere Probleme bestehen in den Standards des RSPO. Obwohl der RSPO diese für Kleinbauern und Kleinbäuerinnen herabgesetzt hat und zum Beispiel Feuer bei der Neuanpflanzung zum Einsatz kommen dürfen, bleiben viele Hürden bestehen (vgl. Brandi et al. 2015). Zum einen wird weiterhin viel Land für den Anbau von Ölpalmen ausgeschlossen und es werden Landurkunden verlangt, die viele Farmer*innen nicht besitzen, zum anderen ist die Herkunft des Saatguts oftmals unklar (vgl. Apriyanto et al. 2021). Die Schwierigkeiten, denen die Farmer*innen ausgesetzt sind, spiegeln sich auch in den Zahlen wider: Nur ca. 2% der indonesischen Kleinbetriebe sind RSPO-zertifiziert (vgl. Ruysschaert & Salles 2014). Eine Einbindung in das Zertifizierungssystem unterstützt jedoch die ökologische Nachhaltigkeit und die Verbesserung landwirtschaftlicher Praktiken, was dann wiederum zu gesteigerten Einkommen führen kann (vgl. Krishna et al. 2015). Der Zusammenschluss von Kleinbauern und Kleinbäuerinnen könnte Abhilfe verschaffen, denn auf diese Weise können hohe Kosten geteilt und Informationen ausgetauscht werden (vgl. Brandi et al. 2015).

Die Biodiversität betreffend ist kaum zu sagen, ob RSPO-zertifizierte Plantagen zum Erhalt dieser beitragen (vgl. Azhar et al. 2015). Die Orang-Utan-Bestände reduzierten sich beispielsweise zwischen 2009 und 2014 gleichermaßen in zertifizierten wie auch in nicht-zertifizierten Plantagen (vgl. Morgans et al. 2018). Bekannt ist jedoch, dass unabhängig des Zertifizierungsstatus flächenintensiver Palmölplantagen das Maß der Landschaftsheterogenität gering ist. Bei kleinen Betrieben mit wenigen Hektar Fläche ist der Strukturreichtum um einiges höher, auch wenn diese nicht RSPO-zertifiziert sind (vgl. Azhar et al. 2015).

Für die Bewegung der Arten zwischen Habitaten spielen Heterogenität und eingebettete HCV-Flächen (auch wenn diese in ihrer Wertigkeit geringer einzustufen sind als zusammenhängende Wälder) in Plantagen eine bedeutende Rolle. Diese Heterogenität kann, aber muss nicht zwangsweise bei zertifizierten Flächen gegeben sein, weshalb der Zweifel an der Biodiversitätsfreundlichkeit von zertifizierten Großplantagen bestehen bleibt (vgl. AZHAR et al. 2015).

Bumitama, Mitglied des RSPO und Palmöl-Hauptzulieferer von Wilmar International Ltd, hat 2013 nachweislich auf Sumatra in geschützten Regenwäldern gerodet. Selbst während des Beschwerdeverfahrens durch andere RSPO-Mitglieder hat Bumitama die Rodung nicht gestoppt und Torfböden mit hohen Kohlenstoffdioxidkonzentrationen mit Ölpalmen bepflanzt (vgl. FABRICIUS 2019). Dieser Vorfall unterstreicht die Langatmigkeit der Beschwerdeverfahren und den laschen Umgang mit Verstößen seitens des RSPO. Dem RSPO wird zudem vorgeworfen bei der Einhaltung von Naturschutzzwecken, besonders beim Erhalt von Tieflandregenwäldern, nicht effektiv genug vorzugehen. Allein auf Sumatra betrug der Nettoabholzungsverlust zwischen 2004 und 2013, bei dem der größte Teil auf die Expansion von Ölpalmplantagen zurückzuführen ist, etwa 500.000 Hektar (vgl. RUYSSCHAERT & SALLES 2014). Außerdem kann es nicht im Sinne des Biodiversitäts- und Ökosystemschutzes sein, wenn Hersteller von hochgiftigen Totalherbiziden, die nach der Rotterdamer und Stockholmer Konvention unzulässig sind, am RSPO sitzen (vgl. FABRICIUS 2019).

4. Fazit

Zunächst wurde herausgearbeitet, wie schwer abgrenzbar der Begriff „Governance" ist und dass damit eine dezentral organisierte, lösungsorientierte Kooperation von Akteuren gemeint ist, die mit verschiedenen Hintergründen und Machtverhältnissen auftreten. Anschließend wurde auf die Instrumente der globalen Umwelt-Governance eingegangen, mit denen die Akteure spezifische Ziele durch Steuerung verfolgen können. Das Instrument der Zertifizierungen ist eines davon, welches im weiteren Verlauf näher erläutert und durch das Beispiel der Palmölzertifizierung durch den RSPO veranschaulicht wurde. Es wurden sowohl die Hintergründe, die Ziele sowie die Kritik an diesem Zertifizierungssystem beleuchtet, um der Beantwortung der Leitfrage, ob Zertifizierungen, die den globalen Warenhandel betreffen, ein wirklich wirksames Werkzeug der globalen Umwelt-Governance hinsichtlich des Umweltschutzes sein können.

Diese Frage ist mit einem „Ja" zu beantworten, dem jedoch Bedingungen anzuknüpfen sind. Ein umweltorientiertes Zertifizierungssystem funktioniert nur dann im Sinne des Umwelt- und Naturschutzes, wenn dieses nicht nur rein wirtschaftlichen Interessen dient. Dabei müssen strenge und durch unabhängige Kontrollen prüfbare Regeln als Basis vorhanden sein, die gleichzeitig einen gewissen Grad an Transparenz seitens der beteiligten Akteure voraussetzen. Diese Transparenz gilt es im besten Falle an die Endnutzer*innen des jeweiligen Produkts oder Dienstleistung weiterzureichen, um so Vertrauen in Zertifizierungen allgemein, aber auch in das individuelle Programm, (wieder) aufzubauen. Verstöße gegen Regeln des Zertifizierungsprogrammes müssen harte und klare Strafen folgen, um einerseits die Glaubwürdigkeit der Zertifizierung zu wahren und andererseits, um anderen Akteuren zu verdeutlichen, dass Regelbrüche geahndet werden. Weiterhin ist anzumerken, dass Zertifizierungssysteme keine fehlenden Regierungs- und Unternehmensstrukturen ersetzen können. Sie können jedoch von nicht-gesetzgebenden Kräften, wie beispielsweise NGOs oder Transnationalen Unternehmen genutzt werden, um fehlende Regierungs- und Unternehmensstrukturen abzufedern und Konsument*innen eine Möglichkeit bieten, ökologisch nachhaltigere Alternativen zu haben. Solange Regierungen es nicht schaffen, durch Regulierungen und Verbote weitere Schritte in Richtung ökologischer Nachhaltigkeit zu gehen, sind Zertifizierungssysteme durchaus ein probates Mittel, um im Umweltschutz kleine Schritte voranzukommen. Denn trotz aller Kritik an den Zertifizierungssystemen sind kleine, schwere Schritte in die richtige Richtung immer noch besser als keine Schritte.

Literaturverzeichnis

ADEN, H. (2012): Umweltpolitik Lehrbuch. Elemente der Politik. VS Verlag, Wiesbaden.

AHRENS, S. (2020): Export- und Importmenge von rohem Palmöl nach Deutschland in den Jahren 2008 bis 2021. https://de.statista.com/statistik/daten/studie/1142875/umfrage/importmenge-von-rohem-palmoel-in-deutschland/. (zuletzt abgerufen am: 11.12.2022).

APRIYANTO, M., PARTINI, MARDESCI, H., SYAHRANTAU, G. & YULIANTI (2021): The Role of Farmers Readiness in the Sustainable Palm Oil Industry. Journal of Physics: Conference Series 1764.

AZHAR, B., SAADUNB, N., PUANA, C. L., KAMARUDINB, N., AZIZ, N., NURHIDAYUB, S. & FISCHER, J. (2015): Promoting landscape heterogeneity to improve the biodiversity benefits of certified palm oil production: Evidence from Peninsular Malaysia. Global Ecology and Conservation 3. S. 553-361.

BÖCHER, M. & TÖLLER, A. E. (2007): Instrumentenwahl und Instrumentenwandel in der Umweltpolitik. Ein theoretischer Erklärungsrahmen. – in: JACOB, K., BIERMANN, F., BUSCH, P. O. & FEINDT, P. H. (Hrsg.): Politik und Umwelt. PVS – Politische Vierteljahresschrift. Sonderheft 39/2007. VS Verlag, Wiesbaden. S. 299-322.

BOLTON, J. R. (2000): Should We Take Global Governance Seriously?. Chicago Journal of International Law. Nr. 1. S. 205-222.

BRANDI, C., CABANI, T., HOSANG, C., SCHIRMBECK, S., WESTERMANN, L. & WIESE, H. (2015): Sustainability Standards for Palm Oil: Challenges for Smallholder Certification Under the RSPO. Journal of Environment & Development 24 (3). S. 292-314.

CARLSON, K. M., HEILMAYR, R., GIBBS, H. K., NOOJIPADI, P., BURNS, D. N., MORTON, D. C., WALKER, N. F., PAOLI, G. D. & KREMEN, C. (2017): Effect of oil palm sustainability certification on deforestation and fire in Indonesia. PNAS 115 (1). S. 121-126.

CARTER, N. (2015): The Politics of The Environment. 11. Auflage. Cambridge University Press, Cambridge.

CLAPP, J. & DAUVERGNE, P. (2011): Paths to a Green World. The Political Economy of the Global Environment. 2. Auflage. MIT Press, Cambridge Massachusetts.

COSTANZA, R., CUMBERLAND, J. H., DALY, H., GOODLAND, R., NORGAARD, R. B., KUBISZEWSKI, I. & FRANCO, C. (2015): An Introduction to Ecological Economics. CRC Press, Boca Raton.

EDEN, S. (2011): The politics of certification: consumer knowledge, power, and global governance in ecolabeling. – in: PEET, R., ROBBINS & P., WATTS, M. J. (2011): Global Political Ecology. Routledge, New York. S. 169-184.

ENDRES, A. (2013): Umweltökonomie. 4. Auflage. Kohlhammer GmbH., Stuttgart.

FISCHER, F. & NIERULA, F. (2019): Der Palmöl-Kompass. Oekom Verlag, München.

FRIEDEL. R. & SPINDLER, E. A. (2016): Die Welt der Zertifizierungen. - in: FRIEDEL R. & SPINDLER, E. A. (Hrsg.): Zertifizierung als Erfolgsfaktor. Nachhaltiges Wirtschaften mit Vertrauen und Transparenz. Springer Gabler, Wiesbaden. S. 3-10.

FABRICIUS, T. (2019): Klima-Killer Palmöl. Springer VS, Wiesbaden.

von GEIBLER, J. (2010): Nachhaltigkeit in globalen Wertschöpfungsketten. Nicht-staatliche Standards als Steuerungsinstrument im internationalen Biomassehandel. Metropolis-Verlag, Marburg.

GREENPEACE SCHWEIZ (2016): Archiv: RSPO – Roundtable on Sustainable Palm Oil. https://www.greenpeace.ch/de/archived_post/archiv-rspo-roundtable-on-sustainable-palmoil/. (zuletzt abgerufen am: 11.12.2022).

KLEMMENSEN, B., PEDERSEN, S., DIRCKINICK-HOLMFELD, K. R., MARKLUND, A. & RYDÉN, L. (2007): Environmental Policy. Legal and Economic Instruments. Book 1 in a series on Environmental Management. The Baltic University Press, Uppsala.

KNOKE, I.& INKERMANN, H. (2015): Palmöl – der perfekte Rohstoff?. Eine Industrie mit verheerenden Folgen. SÜDWIND – Institut für Ökonomie und Ökumene. Bonn.

KOH, L. P. & WILCOVE, D. S. (2008): Is oil palm agriculture really destroying tropical biodiversity? Conservation Letters 1. S. 60-64.

KRELL, G. (2010): Theorien in den Internationalen Beziehungen. http://www.gert-krell.de/Theorie%20neu.pdf. (zuletzt abgerufen am: 11.12.2022).

KRISHNA, V. V., EULER, M., SIREGAR, H., FATHONI, Z. & QAIM, M. (2015): Farmer heterogeneity and differential livelihood impacts of oil palm expansion among smallholders in Sumatra, Indonesia. EFForTS discussion paper series. Nr. 13. Göttingen. S. 1-27.

LAURANCE, W. F., KOH, L. P., BUTLER, R., SODHI, N. S., BRADSHAW, C. J. A., NEIDEL, J. D., CONSUNJI, H.&. VEGA, J. M. (2009): Improving the Performance of the Roundtable on Sustainable Palm Oil for Nature Conservation. Conservation Biology 24 (2). S. 377-381.

MARZELLI, S., MONING, C., DAUBE, S., OFFENBERGER, M., GRÊT-REGAMEY, A., RABE, S.-E., KÖLLNER, T., POPPENBORG, P., HANSJÜRGENS, B., RING, I., SCHRÖTER-SCHLAACK, C., SCHWEPPE-KRAFT, B. & MACKE, S. (2012): Der Wert der Natur für Wirtschaft und Gesellschaft. Eine Einführung. Ein Beitrag Deutschlands zum internationalen TEEB-Prozess. Landwirtschaftsverlag, Münster-Hiltrup.

MESSNER, D. & NUSCHELER, F. (2000): Politik in der Global Governance-Architektur. – in: KREIBICH, R. & SIMONIS, U. E. (Hrsg.): Global Change – Globaler Wandel. Ursachenkomplexe und Lösungsansätze. Berlin Verlag, Berlin. S. 171-188.

MESSNER, D & NUSCHELER, F. (2003): Das Konzept Global Governance. Stand und Perspektiven. INEF Report. Institut für Entwicklung und Frieden der Universität Duisburg-Essen/ Standort Duisburg. Heft 67. S. 1-56.

MORGANS, C. L., MEIJAARD, E., SANTIKA, T., LAW, E., BUDIHARTA, S., ANCRENAZ, M. & WILSON K. A. (2018): Evaluating the effectiveness of palm oil certification in delivering multiple sustainability objectives. Environmental Research Letters 13.

Palladino, N. & Santaniello, M. (2021): Legitimacy, Power, and Inequalities in the Multistakeholder Internet Governance. Analyzing IANA Transition. Palgrave Macmillan, Cham.

PETSCHOW, U., HÜBNER, K., DRÖGE, S. & MEYERHOFF, J. (1998): Nachhaltigkeit und Globalisierung. Herausforderungen und Handlungsansätze. Springer, Berlin; Heidelberg.

REDER, M. (2006): Global Governance. Philosophische Modelle der Weltpolitik. WBG, Darmstadt.

RSPO (2022): RSPO. Roundtable on Sustainable Palm Oil. Supply Chains. https://rspo.org/as-an-organisation/certification/supply-chains/. (zuletzt abgerufen am: 11.12.2022).

RUYSSCHAERT, D. & SALLES, D. (2014): Towards global voluntary standards: Questioning the effectiveness in attaining conservation goals. The case of the Roundtable on Sustainable Palm Oil (RSPO). Ecological Economics 107. S. 438-446.

SAHNER, J., WICKE, J., KUNZ, Y. & HARTMANN, F. (2018): Palmölsiegel: Beweise für Nachhaltigkeit?. südostasien 2/2018. S. 55-62.

SCHULZ, K. (2011): Linking Land and Soil to Climate Change. The UNCCD in the Context of Global Environmental Governance. Bonner Studien zum globalen Wandel. Band 13. Tectum Verlag, Marburg.

SIMONIS, U. E. (1996): Globale Umweltpolitik. Ansätze und Perspektiven. B.I. Taschenbuchverlag, Mannheim; Leipzig; Wien; Zürich.

STIFTUNG ENTWICKLUNG UND FRIEDEN (1995): Nachbarn in einer Welt. Bonn.

THEPALMSCRIBE (2022): RSPO logo. https://thepalmscribe.id/id/bakthiar-talhah-diangkat-sebagai-ceo-interim-rspo/whatsapp-image-2019-12-03-at-4-51-11-pm-2/. (zuletzt abgerufen am: 11.12.2022).

TREUTNER, E. (2018): Globale Umwelt- und Sozialstandards. Nachhaltige Entwicklungen jenseits des Nationalstaats. Springer VS, Wiesbaden.

UNEP (1972): Environmental Law Guidelines and Principles. Declaration of the Human Environment. Stockholm Declaration. https://wedocs.unep.org/handle/20.500.11822/29567. (zuletzt abgerufen am: 25.11.2022).

UNEP (2022): UN environment programme. https://www.unep.org/. (zuletzt abgerufen am: 11.12.2022).

WALTHER-THOß, J. (2016): Die Bedeutung der Zertifizierung in Gesellschaft und Wirtschaft. Warum unterstützt der WWF die Entwicklung und Umsetzung von Standards. – in: FRIEDEL R. & SPINDLER, E. A. (Hrsg.): Zertifizierung als Erfolgsfaktor. Nachhaltiges Wirtschaften mit Vertrauen und Transparenz. Springer Gabler, Wiesbaden. S. 13-22.

WEBER, E. (2018): Biodiversität. Warum wir ohne Vielfalt nicht leben können. Springer Verlag. Berlin.

WEIß, P. & BENTLAGE, J. (2006): Environmental Management Systems and Certification. Book 4 in a series on Environmental Management. The Baltic University Press, Uppsala.

WILCOVE, D. S. & KOH, L. P. (2010): Addressing the threats to biodiversity from oil-palm agriculture. Biodivers Conserv 19. S. 999-1007.

WURZEL, R. K. W., ZITO, A. R. & JORDAN, A. J. (2013): Environmental Governance in Europe. A Comparative Analysis of New Environmental Policy Instruments. Edward Elgar Publishing Limited, Cheltenham.

YOUNG, O. R. (2017): Governing Complex Systems. Social Capital for the Anthropocene. MIT Press, Cambridge Massachusetts.